Librairie J.-B. BAILLIÈRE et FILS, 19

1930

Extrait du *Bulletin de la Société des Amis des Sciences naturelles de Rouen*
(années 1928 et 1929)

LES VIEUX ARBRES

DE LA

NORMANDIE

ÉTUDE BOTANICO-HISTORIQUE

Fascicule V

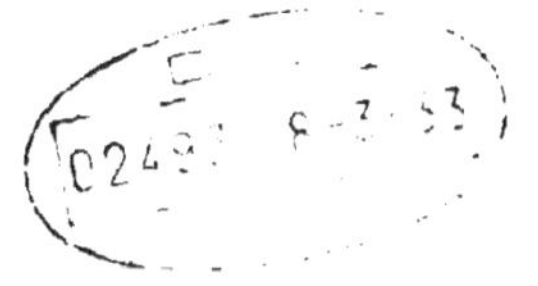

ibrairie J.-B. BAILLIÈRE et FILS, 19, rue Hautefeuille, PARIS. — 1930

Fascicule V

Avec **20** planches en photocollographie
toutes inédites et faites sur les photographies
de l'auteur

Extrait du *Bulletin de la Société des Amis des Sciences naturelles de Rouen*
(années 1928 et 1929)

A la mémoire

de mon excellent et très distingué ami

Louis MÜLLER

Publiciste et Naturaliste

LES
VIEUX ARBRES

DE LA

NORMANDIE

ÉTUDE BOTANICO-HISTORIQUE

PAR

Henri GADEAU de KERVILLE

———⟶⟨⟩⟵———

Fascicule V

Avec 20 planches en photocollographie, toutes inédites
et faites sur les photographies de l'auteur

PRÉFACE

Le quatrième fascicule de cet ouvrage date de l'année 1899;
celui-ci, de 1930. Trente et un ans se sont donc écoulés entre
la publication des deux, et on a pu croire que je ne pensais
plus aux arbres remarquables de la plantureuse Normandie.
Cependant, il n'en était pas ainsi. Ceux de mes collègues
qui s'intéressent à mes modestes travaux d'histoire naturelle
savent bien que, pendant ce long espace de temps, je n'ai
pas été oisif. Des recherches biologiques variées, des voyages
zoologiques en Tunisie, en Syrie et en Asie-Mineure, dont
j'ai publié les résultats, la guerre mondiale, d'autres causes
encore, ont retardé jusqu'en 1930 la publication de ce cin-
quième fascicule. Quant au sixième et dernier, à moins
d'évènement imprévu, il paraîtra en 1932.

Les renseignements nombreux que j'ai donnés dans la
préface des quatre premiers fascicules [1] me permettent de
ne traiter ici que les quatre points suivants : 1° choix des
arbres à décrire et à représenter dans ce fascicule ; 2° mesure
de la circonférence de leur tronc ; 3° calcul de leur hauteur
totale approximative, et 4° évaluation de leur âge approximatif.

1° Si je m'étais uniquement basé sur la grosseur de leur
tronc pour choisir les vingt arbres qui composent ce fascicule V, j'eusse pris d'autres Chênes et d'autres Hêtres, car
il existe, en Normandie, des spécimens de ces espèces plus
gros que ceux décrits et représentés ci-après.

Une double considération, plus importante, à mon avis,
que celle de la grosseur du tronc, m'a guidé dans mon choix :
celle de la notoriété des arbres et de la facilité de leur con-

---

1. L'indication bibliographique concernant ces quatre fascicules se
trouve dans la partie terminale de celui-ci.

servation. Ceux qui sont classés comme monuments naturels ou réservés par l'Administration des Eaux et Forêts, non seulement ont une certaine notoriété, mais ne peuvent être abattus sans autorisation spéciale. Pour cette double raison, ils méritent, selon moi, d'être décrits et figurés dans cet ouvrage, de préférence à ceux qui n'ont d'autre titre que leur grosseur.

Ce fascicule contient la description et la figuration de huit Ifs, un Saule, quatre Chênes, un Châtaignier et six Hêtres, soit vingt arbres, dont un tableau, dans la partie terminale, indique le nom, la situation, etc.

2° A moins d'un empêchement, j'ai mesuré, comme je l'avais fait jusqu'alors, la circonférence du tronc à un mètre du sol, en deux sens opposés, et en prenant la moyenne des deux mesures, si les nombres obtenus étaient différents.

Avant de photographier les arbres qui constituent les deuxième, troisième et quatrième fascicules, je fixais sur le tronc un disque blanc, exactement au point où je mesurais la circonférence, dans le but que l'on puisse, un certain nombre d'années plus tard, mesurer de nouveau la circonférence au même point et, par suite, calculer l'accroissement annuel moyen du tronc.

Pour le motif suivant, j'ai renoncé à mettre au tronc un disque blanc. En effet, il me paraît très difficile de mesurer, au bout d'un temps plus ou moins long, la circonférence du tronc d'un arbre exactement au point où se trouve le disque blanc sur la planche le représentant. En raison de l'existence de saillies ou de creux à la périphérie du tronc, la circonférence peut varier de quelques centimètres. Dès lors, un faible écart entre l'ancien point où la mensuration a été effectuée et le nouveau peut aisément conduire à des renseignements inexacts sur l'accroissement annuel moyen des troncs d'arbres mesurés. Mieux vaut, à mon avis, ne pas prendre de mesures, si elles doivent mener probablement à l'erreur.

3° Pour le calcul de la hauteur totale approximative des

vingt arbres constituant ce fascicule, j'ai opéré de la manière suivante :

Après avoir fixé verticalement la glace dépolie de mon appareil photographique, que remplacent des plaques sensibles du format 15 $\times$ 21, j'ai mis tout près de l'arbre à photographier, dans une position également verticale, une tige dont la hauteur m'était connue et dont les extrémités étaient blanches, afin d'être mieux visibles sur la glace dépolie. Pouvant mesurer, sur cette dernière, la réduction de la hauteur totale de l'arbre et de la tige, il m'était dès lors facile de calculer la hauteur totale de l'arbre. Toutefois, ne pouvant pas mesurer d'une façon très précise, sur la glace dépolie, la réduction des deux hauteurs en question, je n'ai obtenu que des résultats plus ou moins approximatifs. C'est pourquoi je n'ai indiqué la hauteur totale des arbres qu'en mètres ou demi-mètres, en ajoutant, par crainte d'erreur, le mot environ. De telles indications approximatives me semblent suffisantes.

4° Quand on examine un vieil arbre sur pied, il est tout naturel de se demander quel âge il peut avoir. Disons, de suite, qu'il est impossible de répondre d'une manière exacte à cette question si l'on ne connaît pas, avec certitude, la date du semis ou de la plantation de l'arbre, en massif ou isolé.

Lorsqu'il est abattu, on peut généralement résoudre le problème d'une manière assez précise en examinant une section transversale du tronc, faite à une hauteur connue, de préférence à sa base. En effet, lorsqu'on regarde une telle section effectuée dans un arbre appartenant à la plupart des espèces dendrologiques, mais non à toutes, on remarque des zones concentriques dont chacune correspond à une période végétative. Or, dans les *régions tempérées du globe*, dont la France fait partie, chacune de ces zones correspond le plus souvent à la période végétative d'une année, d'où leur nom de zones ou couches annuelles. En comptant, ce qui n'est pas toujours facile, le nombre exact des zones annuelles se trouvant sur un rayon d'une telle section transversale faite à une hauteur connue, on sait, par suite, l'âge de l'arbre, diminué du nombre d'années écoulées avant qu'il ait atteint cette hauteur. En ajoutant ce nombre, on connaît généralement alors, d'une manière à peu près exacte, l'âge du spécimen à l'époque de son abatage.

On peut donc connaître assez facilement, par le nombre des zones annuelles d'une coupe transversale du tronc, l'âge d'un arbre abattu, mais il en est tout différemment quand il est sur pied, à moins, comme je l'ai dit ci-avant, de savoir l'époque de son semis ou de sa plantation. Par la seule connaissance de la grosseur du tronc et de la hauteur d'un arbre, son âge, je le redis, est impossible à évaluer si l'on tient à une certaine précision.

Sans doute des botanistes ont déterminé, sur beaucoup de sections transversales du tronc d'arbres appartenant à des espèces variées, le nombre et l'épaisseur des couches concentriques annuelles et calculé l'accroissement radial ou diamétral annuel de leur tronc. Cet examen leur a démontré que l'augmentation, puis, avec l'âge, la diminution de l'épaisseur des couches annuelles, ne se faisaient pas d'une façon régulière. Leurs études leur ont permis d'établir des formules pour calculer l'âge des arbres sur pied, d'après la grosseur du tronc; mais ces formules, certainement utiles, ne peuvent donner que des résultats plus ou moins approximatifs.

Si, exceptionnellement, l'âge d'un arbre sur pied, obtenu par une de ces formules, concorde exactement avec celui déterminé, à la même époque, par le nombre des couches annuelles à la base du tronc abattu, on doit attribuer cette concordance, non à la précision de la formule, mais au hasard. En biologie, science si compliquée, il ne faut pas employer sans prudence les formules mathématiques.

Dans la partie centrale d'un massif composé, par exemple, de Chênes ou de Hêtres, si l'on examine tous les spécimens que l'on sait avoir le même âge, on remarque de suite

combien leur grosseur varie selon les individus. Cependant,
les facteurs dont ils dépendent : composition du sol, humi-
dité, sécheresse, température, luminosité, etc., sont à peu
près identiques pour tous, sauf un autre facteur qui déter-
mine toute une série de variations dans leur grosseur :
l'individualité.

A son égard, je crois intéressant de résumer ici la note
que j'ai publiée, dans le troisième fascicule de cet ouvrage
(op. cit.), sur trois gros Chênes pédonculés (*Quercus
pedunculata* Ehrh.) abattus, en 1894, à Neauphe-sur-Dives
(Orne).

Dans un herbage de cette commune se trouvaient, à l'état
isolé, les trois Chênes en question, qui étaient ébranchés
et par terre quand je les examinai sur place, le 8 avril 1894.
Comme ils s'étaient développés dans les mêmes conditions
apparentes, on aurait pu supposer que la différence de
grosseur de leur tronc dépendait de leur âge. Il n'en était
rien.

Grâce à l'obligeance du directeur de la Société qui les
avait achetés, j'ai pu recevoir à Rouen une section transversale du tronc de chacun d'eux, faite dans sa partie
basilaire. Ces coupes, auxquelles il manquait l'écorce et une
fraction de la périphérie de l'aubier, avaient une circonférence de 6 m. 16, 4 m. 98 et 4 m. 28. Sur chacune d'elles
j'ai compté environ 115 à 120 couches annuelles. En tenant
compte de celles qui furent enlevées par le dolage, de la
très faible hauteur au-dessus du sol, presque la même, à
laquelle on fit les coupes, et du nombre de couches
annuelles que j'ai comptées sur une très grosse branche de
chacun de ces Chênes, on peut affirmer qu'ils étaient tous
trois du même âge ou d'un âge très voisin, compris entre
150 et 200 ans.

Ce fait, nullement exceptionnel, montre : d'une part,
l'importance de l'individualité; de l'autre, l'impossibilité
d'évaluer, avec quelque précision, l'âge d'un arbre de n'im-
porte quelle espèce dendrologique, si l'on ne connaît que la

grosseur de son tronc et sa hauteur. C'est pourquoi, lorsqu'on ne possède pas d'autres renseignements, doit-on être
d'une grande circonspection en évaluant l'âge des vieux arbres,
sans hésiter, quand il s'agit de très vieux spécimens, à
l'estimer avec un écart de plusieurs siècles.

Le grand public aime que, sur tous les sujets, on lui
donne des précisions ; les vrais savants ne doivent lui en
donner qu'en toute connaissance de cause.

En terminant cette préface, je remercie cordialement mon
imprimeur, M. Jules Lecerf, auquel me lie une amitié de
quarante-cinq ans, son fils Maurice et ses employés, qui ont
mis leur soin à la bonne exécution du texte et des planches
de ce fascicule.

L'If du cimetière de la Bloutière (Manche).

Photographié par l'auteur le 11 juin 1930.

I

L'IF DU CIMETIÈRE DE LA BLOUTIÈRE (Manche)

IF COMMUN *(TAXUS BACCATA L.)*

(Planche I)

Situation :

Cet If se trouve dans le cimetière de la commune de la Bloutière, canton de Villedieu-les-Poêles, arrondissement d'Avranches (Manche). Il est situé à une petite distance de l'encoignure droite de la façade de l'église.

Description faite avec les notes que j'ai prises sur place le 11 juin 1930 :

L'If du cimetière de la Bloutière, du sexe mâle, est encore bien vigoureux ; malheureusement, il est envahi par du lierre. De grosses et de petites branches ont été coupées, et un peu de son branchage est mort. Le tronc, partiellement creux, est masqué par de jeunes rameaux sur une certaine étendue de sa partie inférieure. Cette dernière a la forme d'un bourrelet qui présente des creux renfermant de la terre. La circonférence du tronc, à un mètre du sol, est de 10 m. 10. Les parties contenant de la terre la diminuent d'un petit nombre de centimètres ; par contre, le bourrelet la rend un peu plus grande que si le tronc était de la forme normale. La hauteur totale de l'arbre est de 16 mètres environ. Sa partie tout à fait supérieure n'est pas visible sur la planche ci-jointe à laquelle je renvoie pour les autres détails le concernant.

Age :

D'après les renseignements que j'ai donnés sur l'âge des vieux Ifs normands dans les quatre premiers fascicules, et d'après d'autres aussi, je crois qu'en 1930 le spécimen en question avait de onze à quatorze cents ans environ.

L'If du cimetière de Saint-Ursin (Manche).

Photographié par l'auteur le 24 juin 1939.

II

L'IF DU CIMETIÈRE DE SAINT-URSIN (Manche)

IF COMMUN *(TAXUS BACCATA L.)*

(Planche II)

Situation :

Cet If se trouve dans le cimetière de la commune de Saint-Ursin, canton de la Haye-Pesnel, arrondissement d'Avranches (Manche). Il est situé en avant et à côté de l'encoignure droite de la façade de l'église.

Description faite avec les notes que j'ai prises sur place le 24 juin 1929 :

L'If du cimetière de Saint-Ursin, du sexe femelle, est encore bien vigoureux. De grosses branches ont été séparées de l'arbre dont seulement très peu du branchage est mort. Le tronc est partiellement creux; de l'intérieur partent des racines adventives dirigées vers le bas. Sa circonférence, à un mètre du sol, est de 9 m. 34, et la hauteur totale de l'arbre de 18 m. 50 environ. Pour les autres détails le concernant, je renvoie à la planche ci-jointe.

Parfois, des retardataires entrent dans le tronc pour entendre la messe.

Age :

D'après les renseignements que j'ai donnés sur l'âge des vieux Ifs normands dans les quatre premiers fascicules, et d'après d'autres aussi, je crois qu'en 1930 le spécimen en question avait de neuf à douze cents ans environ.

Historique :

« L'église n'a de remarquable à l'extérieur que son portail roman qui s'enfonce dans un pignon, flanqué de deux
contreforts, abrité par un if antique et monstrueux, mer-
veille végétale du pays, qui ressemble à un faisceau d'arbres
ou à un entrelacement de serpens, dont les bruissemens du
vent dans son feuillage semblent être les sifflemens [1] ».
[Édouard LE HÉRICHER. — *Avranchin Monumental et
Historique*, (op. cit.), t. II, p. 146].

« J'ai eu l'occasion d'observer, le mois dernier, à Saint-
Ursin, village à trois kilomètres de distance de la Haye-
Pesnel et à environ dix kilomètres de Granville (Manche),
un exemplaire sur lequel l'attention mérite d'être appelée.
 » L'arbre est situé dans le cimetière, à l'entrée de l'église,
près de la route de Saint-Ursin à la Haye-Pesnel. Il mesure
environ 15 mètres de hauteur et possède un tronc dont la
circonférence est de 9 m. 50 à un mètre du sol et de
11 mètres dans la partie la plus épaisse.
 » Il est encore vigoureux, bien que certaines parties
annoncent un commencement de décrépitude.
 » D'après les renseignements qui m'ont été aimablement
donnés par M. l'abbé Chauvet, archéologue distingué, cha-
pelain épiscopal, à Sartilly, on peut faire remonter la
plantation de cet arbre au commencement du XIe siècle,
époque à laquelle fut construite l'église de Saint-Ursin. Il
aurait, par conséquent, environ 900 ans d'existence [2].
 » Non loin de là, à la Lucerne-d'Outremer, on peut voir,
dans la partie sud-est du cimetière qui entoure l'église, un
If qui fut planté vers la même époque, mais dont les dimen-

---

1. « Il fut mesuré dans une herborisation, en 1802, par M. Le Che-
valier et ses élèves : il avait alors 27 pieds de tour. Depuis, il a grossi
de quelques pouces ».
27 pieds = 8 m. 77. Le pouce = 0 m. 027.

2. Cette estimation me paraît très vraisemblable. H. G. de K...

sions sont moindres ». [D. Bois. — *Les Ifs de Saint-Ursin
et de la Lucerne-d'Outremer (Manche)*, (op. cit.), p. 150].

Bibliographie :

Édouard Le Héricher. — *Avranchin Monumental et
Historique*, (op. cit.), t. II, p. 146.

D. Bois. — *Les Ifs de Saint-Ursin et de la Lucerne-
d'Outremer (Manche)*, (op. cit.), p. 150.

L'If du cimetière d'Épréville-en-Roumois (Eure).

III

L'IF DU CIMETIÈRE D'ÉPRÉVILLE-EN-ROUMOIS
(Eure)

IF COMMUN *(TAXUS BACCATA L.)*

(Planche III)

Situation :

Cet If se trouve dans le cimetière de la commune d'Épré-ville-en-Roumois, canton de Bourgtheroulde, arrondissement de Pont-Audemer (Eure). Il est situé à côté de l'encoignure gauche de la façade de l'église.

Description faite avec les notes que j'ai prises sur place le 10 juin 1929 :

L'If du cimetière d'Épréville-en-Roumois, du sexe femelle, est encore bien vigoureux. De grosses branches ont été coupées. Le tronc, dont la partie inférieure est en forme de bourrelet, est creux jusqu'à sa partie supérieure. Dans son intérieur, vers la base, il y a des racines adventives. Sa circonférence, à un mètre du sol, est de 8 m. 41, c'est-à-dire légèrement plus grande qu'elle le serait si le tronc était de la forme normale. La hauteur totale de l'arbre est de 15 m. 50 environ. En 1870, lors de la guerre, des armes y furent cachées. Pour les autres détails concernant cet If, classé comme monument naturel, je renvoie à la planche ci-jointe.

Age :

D'après les renseignements que j'ai donnés sur l'âge des vieux Ifs normands dans les quatre premiers fascicules, et d'après d'autres aussi, je crois qu'en 1930 le spécimen en question avait de huit à onze cents ans environ.

Age :

D'après les renseignements que j'ai donnés sur l'âge des vieux Ifs normands dans les quatre premiers fascicules, et d'après d'autres aussi, je crois qu'en 1930 le spécimen en question avait de huit à onze cents ans environ.

L'If du cimetière de la Lucerne-d'Outremer (Manche).

IV

L'IF DU CIMETIÈRE DE LA LUCERNE-D'OUTREMER
(Manche)

IF COMMUN *(TAXUS BACCATA L.)*

(Planche IV)

Situation :

Cet If se trouve dans le cimetière de la commune de la Lucerne-d'Outremer, canton de la Haye-Pesnel, arrondissement d'Avranches (Manche). Il est situé auprès de la partie droite de l'abside de l'église.

Description faite avec les notes que j'ai prises sur place le 24 juin 1929 :

L'If du cimetière de la Lucerne-d'Outremer, du sexe femelle, est encore bien vigoureux. Des branches ont été détruites et un peu du branchage est mort. Le tronc, dont la partie inférieure présente quelque peu la forme d'un bourrelet, est partiellement creux. A l'intérieur de sa partie basilaire se voient des racines adventives descendant vers le bas. Sa circonférence, à un mètre du sol, est de 7 m. 71, légèrement plus grande qu'elle le serait s'il avait la forme normale. La hauteur totale de l'arbre est de 14 mètres environ. Pour les autres détails le concernant, je renvoie à la planche ci-jointe.

Age :

D'après les renseignements que j'ai donnés sur l'âge des vieux Ifs normands dans les quatre premiers fascicules, et d'après d'autres aussi, je crois qu'en 1930 le spécimen en question avait de huit à onze cents ans environ.

Historique :

« Le cimetière renferme..... un de ces ifs antiques et énormes [1], qui survivent à ces constructions romanes dont ils furent les contemporains, également beaux pour le naturaliste et l'antiquaire ». [Édouard Le Héricher. — *Avranchin Monumental et Historique*, (op. cit.), t. II, p. 67].

Voir, à la page 240, la note de D. Bois.

Bibliographie :

Édouard Le Héricher. — *Avranchin Monumental et Historique*, (op. cit.), t. II, p. 67.

D. Bois. — *Les Ifs de Saint-Ursin et de la Lucerne-d'Outremer (Manche)*, (op. cit.), p. 150.

Iconographie :

Photogravure représentant entièrement l'If, avec cette légende :

« *La Lucerne-d'Outremer : L'Église et l'If* (Canton de la Haye-Pesnel). L'If de ce village de 180 habitants agglomérés n'a pas moins de 11 mètres de tour [2] » [Onésime Reclus. — *Atlas pittoresque de la France*, (op. cit.), t. II, p. 470].

---

1. « Il a environ huit mètres de circonférence ».

2. Le tronc de cet If est loin d'avoir 11 mètres de tour. Il y a erreur ou bien la mesure a été prise à la naissance des premières branches ; mais alors ce n'est plus réellement la grosseur du tronc.

L'If du cimetière de Mandeville (Eure).

Photographié par l'auteur le 23 mai 1899.

V

L'IF DU CIMETIÈRE DE MANDEVILLE (Eure)

IF COMMUN (*TAXUS BACCATA* L.)

(Planche V)

Situation :

Cet If se trouve dans le cimetière de la commune de Mandeville, canton d'Amfreville-la-Campagne, arrondissement de Louviers (Eure). Il est situé auprès de l'encoignure droite de la façade de l'église.

Description faite avec les notes que j'ai prises sur place le 23 mai 1929 :

L'If du cimetière de Mandeville, du sexe femelle, est encore bien vigoureux. De grosses branches ont été coupées et une petite partie des rameaux sont morts. Le tronc est creux. Sa circonférence, à un mètre du sol, est de 6 m. 39, et la hauteur totale de l'arbre de 16 m. 50 environ. Pour les autres détails concernant cet If, classé comme monument naturel, je renvoie à la planche ci-jointe.

Age :

D'après les renseignements que j'ai donnés sur l'âge des vieux Ifs normands dans les quatre premiers fascicules, et d'après d'autres aussi, je crois qu'en 1930 le spécimen en question avait de sept cents à mille ans environ.

Historique :

« Un if dont la circonférence est de 6 mètres 33 centimètres s'élève près de l'église de Mandeville ». [Auguste Le Prevost. — *Mémoires et notes pour servir à l'histoire du département de l'Eure*, (op. cit.), t. II, p. 370].

« *L'If de Mandeville.* — Nous avons eu l'occasion, l'un de ces jours derniers, de visiter l'If que l'on voit dans le cimetière de cette commune, vers l'angle sud-ouest de l'église.

» Le tronc de cet arbre mesure, à hauteur d'homme, 6 m. 46 de circonférence et près de 8 mètres un peu au-dessous de la naissance des premières branches ; ce tronc est creux.

» Vers 1891, ce curieux arbre, beaucoup plus beau qu'actuellement, a subi de grandes avaries par suite de l'incendie d'un hangar bâti tout près de lui ; mais il repousse vigoureusement, et l'on aiderait sa végétation si l'on coupait les grosses branches mortes se trouvant au-dessus de celles qui se forment à nouveau.

» . . . .

» Le cantonnier de Mandeville, qui nous a prêté son cordeau et son aide pour mesurer l'If dont il s'agit, a été étonné de lui trouver 6 m. 46 de tour ; il y a environ trente ans, cet arbre n'avait que 6 mètres seulement, et notre aide ne supposait pas qu'il eût grossi depuis cette époque ». [Article non signé, paru dans le journal Le Lovérien. Louviers (Eure), numéro du 4 avril 1897].

Le tronc des très vieux Ifs continue à croître, mais d'une manière extrêmement lente. c'est pourquoi je ne saurais admettre qu'en trente ans environ, la circonférence du tronc de l'If en question ait augmenté de 0 m. 46. Les deux mesures n'auront pas été prises au même point ou bien la première n'aura pas été indiquée avec précision.

Bibliographie :

Auguste LE PREVOST. — *Mémoires et notes pour servir à l'histoire du département de l'Eure*, (op. cit.), t. II, p. 370.

ANONYME. — Article dans le journal Le Lovérien, Louviers (Eure), numéro du 4 avril 1897.

Le plus gros des deux Ifs du cimetière de Nicorps (Manche).

Photographie par l'auteur le 11 juin 1901.

VI

LE PLUS GROS DES DEUX IFS DU CIMETIÈRE
DE NICORPS (Manche)

IF COMMUN *(TAXUS BACCATA L.)*

(Planche VI)

Situation :

Cet If se trouve dans le cimetière de la commune de Nicorps, canton et arrondissement de Coutances (Manche). Il est situé en face du portail de l'église et près de lui.

Description faite avec les notes que j'ai prises sur place le 11 juin 1930 :

Le plus gros des deux Ifs du cimetière de Nicorps, du sexe femelle, est encore vigoureux. De grosses branches ont été coupées et un petit nombre de ses rameaux sont morts. Le tronc est bas, n'ayant qu'une hauteur d'un mètre cinquante à deux mètres. Au-dessus se voient de grosses branches : les unes s'élèvent plus ou moins verticalement, tandis que les autres se dirigent plus ou moins horizontalement ou s'inclinent vers le sol, des rameaux descendant jusqu'à terre. Le tronc, cannelé, ne paraît pas creux, mais il s'y trouve peut-être des cavités. Sa circonférence, à un mètre du sol, est de 6 m. 28, et la hauteur totale de l'arbre de 13 m. 50 environ. Son sommet n'est pas visible sur la planche ci-jointe à laquelle je renvoie pour les autres détails le concernant.

Age :

D'après les renseignements que j'ai donnés sur l'âge des vieux Ifs normands dans les quatre premiers fascicules, et d'après d'autres aussi, je crois qu'en 1930 le spécimen en question avait de sept cents à mille ans environ.

Historique :

« *Un arbre curieux*. — On signale, comme une curiosité naturelle de premier ordre, un if qui se trouve dans le cimetière de Nicorps, près de Coutances. Cet arbre mesure, à un mètre cinquante du sol, une circonférence de 7 m. 50. Ses branches, qui sont de véritables arbres (l'une d'elles a 3 m. 30 de tour à sa base), s'élèvent presque à la hauteur du clocher, retombent en pleurant, couvrant de leur ombrage une superficie de 375 mètres.

» Comme longévité, il est aussi remarquable; beaucoup de connaisseurs lui attribuent de 1600 à 1800 ans [1]. En outre, cet arbre est en pleine vigueur et son tronc n'a pas la plus légère égratignure ». [Article anonyme paru dans un journal dont je ne puis indiquer le nom ni la date du numéro].

Bibliographie :

Anonyme. — Article publié dans le numéro d'un journal dont j'ignore le nom et la date.

---

1. Cette estimation me paraît fortement exagérée.

Le moins gros des deux Ifs du cimetière de Nicorps (Manche).

VII

LE MOINS GROS DES DEUX IFS DU CIMETIÈRE
DE NICORPS (Manche)

IF COMMUN *(TAXUS BACCATA L.)*

(Planche VII)

***

Situation :

Cet If se trouve dans le cimetière de la commune de Nicorps, canton et arrondissement de Coutances (Manche). Il est situé dans l'encoignure qui est à droite de la grille d'entrée.

Description faite avec les notes que j'ai prises sur place le 11 juin 1930 :

Le moins gros des deux Ifs du cimetière de Nicorps, du sexe mâle, est encore bien vigoureux : malheureusement, il est envahi par du lierre. Des branches ont été coupées et un petit nombre de ses rameaux sont morts. Le tronc est partiellement creux. Sa circonférence, à un mètre du sol, est de 4 m. 07, et la hauteur totale de l'arbre de 14 mètres environ. Son sommet n'est pas visible sur la planche ci-jointe à laquelle je renvoie pour les autres détails le concernant.

Cet arbre possède un tronc d'une grosseur moindre que celui des Ifs les moins gros décrits et représentés dans les quatre fascicules précédents. Si je le fais figurer ici, c'est parce qu'il se trouve dans un cimetière qui possède un spécimen remarquable de son espèce.

Age :

D'après les renseignements que j'ai donnés sur l'âge des vieux Ifs normands dans les quatre premiers fascicules, et d'après d'autres aussi, je crois qu'en 1930 le spécimen en question avait de quatre à six cents ans environ.

———

L'If à la Vierge du cimetière du Troncq (Eure).

Photographié par l'auteur le 23 mai 1929.

VIII

L'IF A LA VIERGE DU CIMETIÈRE DU TRONCQ
(Eure)

IF COMMUN (*TAXUS BACCATA L.*)

(Planche VIII)

Situation :

Cet If se trouve dans le cimetière de la commune du Troncq, canton du Neubourg, arrondissement de Louviers (Eure). Il est situé auprès et en face du portail de l'église.

Description faite avec les notes que j'ai prises sur place le 23 mai 1929 :

L'If à la Vierge du cimetière du Troncq, du sexe mâle, est encore bien vigoureux. Quelques-unes de ses branches sont mortes. Le tronc est entièrement creux et sa périphérie incomplète. Il renferme une statue de la Vierge, en pierre, du XVIᵉ siècle. Sa circonférence, à un mètre du sol, est de 4 m. 19; elle aurait près de 5 mètres si sa périphérie était complète. La hauteur totale de l'arbre est de 17 mètres environ. Pour les autres détails concernant cet If, classé comme monument naturel, je renvoie à la planche ci-jointe.

Age :

D'après les renseignements que j'ai donnés sur l'âge des vieux Ifs normands dans les quatre premiers fascicules, et d'après d'autres aussi, je crois qu'en 1930 le spécimen en question avait de cinq à sept cents ans environ.

Le Saule de Saint-Martin-de-Boscherville (Seine-Inférieure).

IX

LE SAULE DE SAINT-MARTIN-DE-BOSCHERVILLE
(Seine-Inférieure)

SAULE BLANC *(SALIX ALBA L.)* [1]

(Planche IX)

Situation :

Ce Saule est situé dans la propriété de M. André Long [2],
sur la rive droite de la Seine, dans la commune de Saint-
Martin-de-Boscherville, canton de Duclair, arrondissement
de Rouen (Seine-Inférieure). Il se trouve tout près d'un
pavillon de pêche bâti au bord d'une anse de la Seine
communiquant en deux points avec ce fleuve. On se rend à
la propriété en suivant le chemin qui conduit de la place de
l'abbaye de Saint-Georges-de-Boscherville à l'endroit où les
piétons ont un bac pour traverser la Seine.

Description faite avec les notes que j'ai prises sur place
le 21 mai 1929 :

Le Saule de Saint-Martin-de-Boscherville, du sexe mâle
et coupé en têtard, est encore vigoureux. De grosses bran-

1. La détermination de l'espèce m'a été obligeamment faite, sur des
rameaux mâles en fleurs que je lui avais envoyés, par l'éminent bota-
niste normand, M. Louis Corbière, auteur de la précieuse *Nouvelle
Flore de Normandie*, à qui j'adresse mes amicaux remerciements.

2. Je tiens à remercier M. André Long, qui a bien voulu me donner
l'autorisation d'étudier et de photographier son remarquable Saule.

23

ches n'existent plus. Son tronc, complètement creux, présente, à un mètre du sol, une circonférence de 6 m. 61. Le propriétaire a eu l'excellente idée de le protéger par un toit de chaume. La hauteur totale de l'arbre est de 14 m. 50 environ. Pour les autres détails le concernant, je renvoie à la planche ci-jointe.

Age :

Je ne possède que très peu de renseignements au sujet de la grosseur du tronc et de l'âge des vieux Saules blancs.

En voici deux :

1° Dans l'ouvrage intitulé : *Les Beaux Arbres du canton de Vaud*, Suisse, (op. cit., p. 149), il est fait mention d'un Saule blanc, situé dans le village de Chevilly, dont le tronc avait en 1906, à un mètre trente du sol, une circonférence de 3 m. 15. Les personnes les plus vieilles du village estimaient son âge à 110 ans environ.

2° Le docteur Friederich Kanngiesser dit, dans son mémoire intitulé : *Zur Lebensdauer der Holzpflanzen*, (op. cit., p. 426), qu'en Prusse-Orientale, dans le Gutsgarten de Weizendorf, près de Rastenburg, se trouve un gros Saule blanc. En décembre 1908, la circonférence du tronc était de 7 m. 20, mesurée au ras du sol, et de 7 m. 90, à un mètre au-dessous de la naissance des branches. L'âge de l'arbre était évalué à 150 ans au minimum.

Les renseignements qui précèdent montrent qu'une très grande divergence existe dans les rapports entre la grosseur du tronc de ces deux arbres et l'évaluation de leur âge.

En effet :

1° Circonférence du tronc à un mètre trente du sol : *3 m. 15*. Age : *110 ans environ*.

2° Circonférence du tronc au ras du sol, *7 m. 20*, et à un mètre au-dessous de la naissance des branches, *7 m. 90*. Age : *150 ans au minimum*.

Avec de tels renseignements, n'en possédant pas d'autres, et voulant éviter le plus possible les erreurs, je ne peux évaluer que d'une manière très approximative l'âge du Saule de Saint-Martin-de-Boscherville.

C'est un fait bien connu que cette espèce dendrologique se développe rapidement, surtout quand les spécimens croissent dans un milieu leur convenant, ce qui est le cas pour l'arbre dont il s'agit. De plus, chacun sait que, chez les arbres coupés en têtards, le tronc devient beaucoup plus gros que s'ils ne l'avaient pas été.

L'ensemble de ces indications me conduit à penser, mais avec doute, qu'en 1930 le Saule en question était âgé de cent cinquante à deux cents ans environ.

Le Chêne-chapelle du Vieux-Manoir (Seine-Inférieure).

X

LE CHÊNE-CHAPELLE DU VIEUX-MANOIR

(Seine-Inférieure)

? CHÊNE A GLANDS PÉDONCULÉS
(*QUERCUS PEDUNCULATA* Ehrh.) [1]

(Planche X)

Situation :

Ce Chêne est situé dans la commune du Vieux-Manoir, canton de Buchy, arrondissement de Rouen (Seine-Inférieure). Il se trouve à la jonction de deux chemins, à l'extérieur et contre une barrière de la cour d'une ferme appartenant à M. Albert Jibeaux, qui habite cette commune.

Description faite avec les notes que j'ai prises sur place le 11 mai 1929 :

Le Chêne-chapelle du Vieux-Manoir a subi un très grand amoindrissement. Il n'en subsiste que la partie inférieure d'où partent des rameaux ; mais ce qu'il en reste possède une certaine vigueur. La moitié environ du tronc n'existe plus. On peut estimer que, s'il était complet, il aurait approximativement 4 m. 40 de circonférence à un mètre du sol, soit à un mètre au-dessus de la marche de la chapelle.

1. Les gros Chênes de la Normandie étant presque tous à glands pédonculés, il est très probable que celui du Vieux-Manoir appartient aussi à cette espèce. Le doute subsiste néanmoins, car je n'ai pu trouver, autour du pied de l'arbre, aucun pédoncule dont la longueur m'eût permis de dire si c'était un Chêne à glands pédonculés ou a glands sessiles.

Dans la partie inférieure de l'arbre, on voit une très rustique chapelle en bois pourvue d'une porte, dont le toit, recouvert de zinc, est surmonté d'un Christ en croix. A la façade on a fixé l'inscription suivante : « Notre-Dame du Vieux-Chêne ». Dans l'intérieur, qui a été plâtré, se voient, sur un très modeste autel, une statuette de la Vierge portant l'enfant Jésus, un crucifix, des vases, etc.. et, au-dessous de l'autel, une autre statuette représentant la Vierge seule. La hauteur totale de ce qui reste du Chêne est de 8 m. 50 environ. Pour les autres détails le concernant, je renvoie à la planche ci-jointe.

Tout à côté de l'arbre s'élève un Hêtre commun.

Age :

Il m'est bien difficile d'évaluer, même d'une façon très approximative, l'âge de ce Chêne. C'est avec doute que je lui attribue de deux à trois cents ans environ.

Historique :

« Un vieux chêne renferme un petit oratoire avec une statue de la Ste-Vierge, appelée *N.-D.-du-Vieux-Manoir* ». [Abbés J. BUNEL et A. TOUGARD. — *Géographie du département de la Seine-Inférieure, Arrondissement de Rouen*, (op. cit.), p. 159].

Bibliographie :

Abbés J. BUNEL et A. TOUGARD. — *Géographie du département de la Seine-Inférieure, Arrondissement de Rouen*, (op. cit.), p. 159.

XI

LE CHÊNE DU MONT DU FRÊNE
DE LA FORÊT DE LYONS. A LYONS-LA-FORÊT
(Eure)

CHÊNE A GLANDS PÉDONCULÉS
(*QUERCUS PEDUNCULATA* Ehrh.) [1]

(Planche XI)

Situation :

Ce Chêne est situé dans la partie de la forêt domaniale de Lyons qui se trouve sur Lyons-la-Forêt, chef-lieu de canton de l'arrondissement des Andelys (Eure). Il s'élève dans le canton forestier du mont du Frêne, à 25 mètres de la route forestière des Trois-Rois, à laquelle il est relié par un sentier, et à 530 mètres de ce dernier au carrefour des Trois-Rois, formé par les routes des Trois-Rois et des Bouleaux, cette dernière reliant la route forestière de la Valette à celle du Grand-Maître. Le Chêne dont il s'agit est dans la partie droite de la route des Trois-Rois, quand, sur celle des Bouleaux, on va de la route de la Valette à celle du Grand-Maître.

A une petite distance du Chêne en question existait, également dans le canton du mont du Frêne, un Hêtre remarquable, nommé « Le Président », qu'une tempête a renversé par terre au cours de l'hiver 1929-1930.

---

1. Détermination faite d'après des cupules longuement pédonculées, que j'ai trouvées au pied du Chêne.

Description faite avec les notes que j'ai prises sur place le 6 juin 1930 :

Le Chêne du mont du Frêne est en décrépitude. Le tronc ne présente pas de cavités, mais il en a peut-être. Sa circonférence, à un mètre du sol, est de 4 m. 21, et la hauteur totale de l'arbre de 32 mètres environ. Au tronc a été fixé un écriteau sur lequel on lit :

> « Chêne du mont du Frêne.
> 250 ans environ.
> 3 m. 80 de circonférence.
> 25 m. de hauteur totale ».

Pour les autres détails concernant l'arbre, je renvoie à la planche ci-jointe.

Age :

Les renseignements indiqués ci-avant et ci-après me permettent de dire qu'en 1930 le Chêne en question avait de deux à trois cents ans.

Historique :

« Nom et essence : Le Chêne du mont du Frêne de la forêt de Lyons [Chêne à glands sessiles (*Quercus sessiliflora* Sm.)[1]]. Situation : Forêt domaniale de Lyons, canton du mont du Frêne, 2ᵉ affectation, parcelle D, à 20 mètres de la route forestière des Trois Rois. Commune de Lyons-la-Forêt (Eure). Végétation et aspect : Vigoureux et d'un port magnifique. Circonférence à un mètre cinquante du sol : 3 m. 65 (tronc). Hauteur totale : 30 mètres. Hauteur sous les branches : 14 mètres. Age : 200 ans environ ».

---

1. En Normandie, les gros Chênes étant presque tous de l'espèce à glands pédonculés (*Quercus pedunculata* Ehrh.), on pouvait supposer qu'il y avait là une erreur. Elle existe en effet, car j'ai trouvé, au pied de l'arbre, des cupules longuement pédonculées, grâce auxquelles je peux dire que c'est un Chêne à glands pédonculés et non à glands sessiles.

|*Liste descriptive des Arbres remarquables réservés par l'Administration des Eaux et Forêts dans les forêts domaniales de la Seine-Inférieure, de l'Eure et de l'Eure-et-Loir*, (op. cit.), 1905, p. 188; tirés à part, même pagination|.

« Nom et essence : Le gros chêne du Mont-du-Frêne. Situation : Canton du Mont-du-Frêne, près la route des Trois Rois, parcelle D^2. Circonférence prise à un mètre du sol : 3 m. 85. Hauteur : 30 mètres. Age présumé : 240 ans ». [L. DE LA BUNODIÈRE. — *Notice sur le pays et la forêt de Lyons*, (op. cit.), 1907, p. 126|.

Bibliographie :

Liste descriptive des Arbres remarquables réservés par l'Administration des Eaux et Forêts dans les forêts domaniales de la Seine-Inférieure, de l'Eure et de l'Eure-et-Loir, (op. cit.), 1905, p. 188; tirés à part, même pagination.

L. DE LA BUNODIÈRE. — *Notice sur le pays et la forêt de Lyons*, (op. cit.), 1907, p. 126.

Le Chêne du mont du Frêne de la forêt de Lyons,
à Lyons-la-Forêt (Eure).

Photographié par Lortet, le 6 juin 1899.

Le Chêne du Petit-Val de la forêt de Lyons,
à la Haye (Seine-Inférieure).

Photographié par l'auteur le 30 avril 1939.

XII

LE CHÊNE DU PETIT-VAL DE LA FORÊT
DE LYONS, A LA HAYE (Seine-Inférieure)

CHÊNE A GLANDS PÉDONCULÉS
(QUERCUS PEDUNCULATA Ehrh.*)* [1]

(Planche XII)

Situation :

Ce Chêne est situé dans la partie de la forêt domaniale
de Lyons qui se trouve sur la commune de la Haye, canton
d'Argueil, arrondissement de Neufchâtel-en-Bray (Seine-
Inférieure). Il s'élève au voisinage du hameau du Petit-Val,
dans le canton forestier de la mare à la Biche, à la lisière
de la forêt, au bord d'un chemin de desserte, à 680 mètres
environ du chemin du Tronquay, indiqué dans l'historique
ci-après sous le nom de route forestière du Faon.

Entre le Chêne du Petit-Val et ce chemin existent les deux
arbres remarquables suivants, également à la lisière de la
forêt :

1° Le Hêtre du Petit-Val, décrit et représenté ci-après.

2° Le Hêtre de la Bourdigale, le plus gros de tous ceux
de la forêt de Lyons, que j'ai décrit et représenté dans cet
ouvrage (op. cit., fasc. II, p. 141 et pl. X ; fasc. III, p. 394,
et fasc. IV, p. 341). Malheureusement, une très grande partie
de ce géant a été détruite depuis l'époque où j'en ai fait
l'étude et la photographie.

1. Détermination faite d'après des cupules longuement pédonculées
que j'ai trouvées au pied du Chêne.

Les personnes qui s'intéressent aux arbres remarquables peuvent en voir quatre au cours d'une agréable promenade d'à peu près deux kilomètres à pied, car le chemin n'est pas carrossable. Quand, sur la route nationale de Rouen à Beauvais par Gournay-en-Bray, elles auront dépassé le village de la Haye et atteint la lisière de la forêt de Lyons, elles n'auront plus qu'à parcourir, sur la route nationale, deux hectomètres et demi pour voir à leur droite, au bord de la route en question, un écriteau du Touring-Club de France leur indiquant le chemin qui conduit au Hêtre « Le Père », que je n'ai pas photographié, ne pouvant avoir que sa partie inférieure ; puis, à une certaine distance de ce Hêtre magnifique, elles verront à la lisière de la forêt, dans le voisinage l'un de l'autre : le Chêne du Petit-Val, le Hêtre du Petit-Val, le Hêtre de la Bourdigale, et bientôt elles arriveront au chemin carrossable du Tronquay.

Description faite avec les notes que j'ai prises sur place le 30 avril 1930 :

Le Chêne du Petit-Val est encore bien vigoureux ; quelques petites branches sont mortes. Le tronc paraît plein. Sa circonférence, à un mètre du sol, est de 4 m. 10, et la hauteur totale de l'arbre de 31 mètres environ.

Sur un écriteau placé au chemin du Tronquay, à gauche en entrant dans la forêt, on lit :

« A 650 mètres,

Le Chêne du Petit Val.

Arbre de 4 siècles.

Circonférence, 3 m. 80. Hauteur totale : 29 mètres ».

Pour les autres détails le concernant, je renvoie à la planche ci-jointe.

Age :

Les renseignements indiqués ci-avant et ci-après me permettent de dire que le Chêne en question avait, en 1930, de trois à quatre cents ans.

Historique :

« Nom et essence : Le Chêne du Petit-Val de la forêt de
Lyons. [Chêne à glands sessiles (*Quercus sessiliflora* Sm.)[1]].
Situation : Forêt domaniale de Lyons, canton de la mare à
la Biche, Ire affectation, parcelle B, à 650 mètres de la route
forestière du Faon. Commune de La Haye (Seine-Inférieure).
Végétation et aspect : Vigoureux. Très beau houppier. Circonférence à un mètre cinquante du sol : 3 m. 80 (tronc).
Hauteur totale : 28 mètres. Hauteur sous les branches :
15 mètres. Age : 300 ans environ. Observation : Ce Chêne
doit son nom à celui de la propriété qui, en cet endroit, est
riveraine de la forêt domaniale ». [*Liste descriptive des
Arbres remarquables réservés par l'Administration des
Eaux et Forêts dans les forêts domaniales de la Seine-
Inférieure, de l'Eure et de l'Eure-et-Loir*, (op. cit.),
1905, p. 184 ; tirés à part, même pagination].

« Nom et essence : Le chêne du Petit-Val. Situation :
Canton de la Mare-à-la-Biche, près le hameau du Petit-Val,
parcelle B[1]. Circonférence prise à un mètre du sol : 3 m. 80.
Hauteur : 28 mètres. Age présumé : 300 ans ». [L. DE LA
BUXODIÈRE. — *Notice sur le pays et la forêt de Lyons*,
(op. cit.), 1907, p. 126].

Bibliographie :

*Liste descriptive des Arbres remarquables réservés par
l'Administration des Eaux et Forêts dans les forêts
domaniales de la Seine-Inférieure, de l'Eure et de
l'Eure-et-Loir*, (op. cit.), 1905, p. 184 ; tirés à part, même
pagination.

L. DE LA BUXODIÈRE. — *Notice sur le pays et la forêt de
Lyons*, (op. cit.), 1907, p. 126.

---

1. Il s'agit, en réalité, d'un Chêne à glands pédonculés (*Quercus
pedunculata* Ehrh.). Voir, à cet égard, la note au bas de la page 264.

Le Chêne de la Croix rouge de la forêt de Vernon,
à Vernon (Eure).

Photographié par l'auteur le 17 mai 1929.

XIII

LE CHÊNE DE LA CROIX ROUGE
DE LA FORÊT DE VERNON, A VERNON (Eure)

Appelé aussi, par abréviation, LE CHÊNE ROUGE

CHÊNE A GLANDS PÉDONCULÉS
(QUERCUS PEDUNCULATA Ehrh.*)* [1]

(Planche XIII)

Situation :

Ce Chêne s'élève dans la partie de la forêt de Vernon située
sur Vernon, chef-lieu de canton de l'arrondissement d'Évreux
(Eure). Il est isolé dans la partie centrale d'un rond-point
traversé par le chemin vicinal allant de Vernonnet (commune de Vernon) à la Queue-d'Haye, hameau de la commune
de H. ricourt (Eure).

Description faite avec les notes que j'ai prises sur place
le 17 mai 1929 :

Le Chêne de la Croix rouge de la forêt de Vernon est
encore vigoureux ; mais des branches mortes et son tronc
en partie creux annoncent qu'il est entré dans la décrépitude. La circonférence du tronc, à un mètre du sol, est de
3 m. 68, et la hauteur totale de l'arbre de 17 mètres environ.

---

1. Je n'ai pu trouver de cupules autour du pied de l'arbre. Toutefois, un cantonnier, qui se trouvait là lorsque j'en cherchais, m'a
certifié que les glands de ce Chêne avaient une queue, c'est-à-dire un
pédoncule. Je rappelle que les gros Chênes normands appartiennent
presque tous à cette espèce.

Pour les autres détails le concernant, je renvoie à la planche ci-jointe.

Age :

D'après des renseignements sur l'âge de gros Chênes normands de l'espèce à glands pédonculés, je crois qu'en 1930 le spécimen en question avait de cent cinquante à deux cent cinquante ans environ.

Le Châtaignier de la Houppelière,
à Fontaine-en-Bray (Seine-Inférieure).

Photographié par l'auteur, le 8 mai 1930.

XIV

LE CHATAIGNIER DE LA HOUPPELIÈRE

A FONTAINE-EN-BRAY (Seine-Inférieure)

CHATAIGNIER COMMUN *(CASTANEA CASTANEA L.)*[1]

(Planche XIV)

Situation :

Ce Châtaignier est situé dans le domaine de la Houppelière, commune de Fontaine-en-Bray, canton de Saint-Saëns, arrondissement de Neufchâtel-en-Bray (Seine-Inférieure), domaine appartenant à Mme Paul Coppinger. Il se trouve dans un herbage.

Description faite avec les notes que j'ai prises sur place le 3 mai 1930 :

Le Châtaignier de la Houppelière est dans la période de la décrépitude ; une partie des branches sont mortes, mais il continue à produire des fruits. Le tronc est complètement creux ; de l'intérieur on voit le ciel. Sa circonférence, à un mètre du sol, est de 8 m. 55, et la hauteur totale de l'arbre de 25 mètres environ. Pour les autres détails le concernant, je renvoie à la planche ci-jointe.

Age :

Pour évaluer, même d'une façon très approximative, l'âge de cet énorme Châtaignier, le bien petit nombre de renseignements que je possède me rend difficile la solution du problème.

On sait que lorsqu'il croît dans les milieux lui convenant, cet arbre peut atteindre de grandes dimensions et un âge

---

1. Synonymes : *Fagus castanea* L. *Castanea sativa* Mill., *C. vulgaris* Lam., *C. vesca* Gærtn.

23

très avancé. Des spécimens en pleine vigueur dont le tronc présente, à un mètre du sol, une circonférence de 5 à 6 mètres, ne sont pas rares. Il paraît que le tronc peut grossir jusqu'à mesurer 15 à 18 mètres de tour. Dans ces cas tout à fait exceptionnels, il s'agit probablement, non d'un tronc unique, mais de la fusion de plusieurs.

Voici quelques renseignements concernant la grosseur du tronc et l'âge de très gros Châtaigniers. Je ne saurais dire si les cinq derniers existent encore :

En France, dans la commune de Vaudry (Calvados), un spécimen abattu en 1880. Sur une section transversale du tronc, qui paraît provenir d'une hauteur ne dépassant guère 0 m. 50 au-dessus du sol et dont la circonférence est de 5 m. 40, Octave Lignier a compté 214 couches annuelles. Le spécimen avait donc un âge très voisin de 214 ans quand on l'abattit [1].

En Belgique, dans la commune de Lemberge, un spécimen présentant, à un mètre cinquante du sol, une circonférence de 6 m. 55, âgé de 662 ans [2].

En Bavière, dans la province du Palatinat, au village de Dannenfels am Donnersberg, un spécimen de 9 mètres de circonférence, dont l'âge fut évalué à 700 ans [3].

En France, à Escry (Haute-Savoie), un spécimen ayant 9 m. 60 de tour, âgé, suppose-t-on, de 900 ans environ [4].

En France, dans le département du Cher, près de Sancerre, un spécimen mesurant environ 10 mètres de circonférence, auquel on attribua un millier d'années [5].

1. O. LIGNIER. — *Notes sur l'accroissement radial des Troncs*, (op. cit.), p. 188.

2. Jean CHALON, — *Les Arbres remarquables de la Belgique*, (op. cit.), tirés à part. p. 56.

3. Fr. STÜTZER. — *Die grössten, ältesten oder sonst merkwürdigen Bäume Bayerns in Wort und Bild*, (op. cit.), p. 63, figure dans le texte (p. 64) et une pl.

4 et 5. Paul CONSTANTIN. — *Le Monde des Plantes*, (op. cit.), t. II. p. 519.

En France, à Neuvecelle (Haute-Savoie), près d'Évian, un spécimen ayant 14 mètres de circonférence, dont l'âge fut évalué à plus de mille ans [1].

Dans l'historique ci-après, il est dit que, selon les annales du pays, le Châtaignier de la Houppelière faisait partie d'une allée d'arbres de son espèce. Il aurait eu plus de cent ans lors d'un hiver très rigoureux qui, sous le règne d'Henri IV, fit périr tous ceux de la région ayant un âge inférieur au sien. Étant donnée la grosseur de son tronc, cette indication d'âge approximatif me paraît très vraisemblable.

Il n'est pas téméraire de supposer qu'à l'époque de l'hiver très rigoureux en question, ce Châtaignier avait au moins 120 ans. Henri IV régnait en l'an 1600. Par suite, l'arbre aurait eu, en 1930, au moins quatre siècles et demi. Cet âge serait au-dessous de la vérité si nous le comparons à la grosseur et à l'âge des cinq derniers spécimens indiqués ci-avant. Afin d'être à peu près d'accord avec la première évaluation pour l'année 1930, il faudrait lui attribuer environ cinq siècles d'existence, et sept siècles environ pour concorder approximativement avec l'estimation des cinq derniers spécimens dont il s'agit.

En résumé, d'après les renseignements que fournissent les six spécimens indiqués ci-avant, il est très probable qu'en 1930 le Châtaignier en question, dont le tronc est complètement creux, avait de cinq à sept cents ans environ.

Historique : [2]

D'après les annales du pays, le Châtaignier de la Houppelière faisait partie d'une allée d'arbres de son espèce. Il

1. Paul CONSTANTIN. — *Le Monde des Plantes*, (op. cit.), t. II. p. 519.

2. J'ai rédigé cet historique avec les renseignements que, sur ma demande, Mᵐᵉ Paul Coppinger, propriétaire du domaine de la Houppelière, a eu l'obligeance de me donner. Je lui en exprime ma respectueuse gratitude.

aurait eu plus de cent ans lors d'un hiver très rigoureux qui, sous le règne d'Henri IV, fit périr tous ceux de la région ayant un âge inférieur au sien.

En 1875 ou 1876, un ouragan cassa l'une de ses grosses branches. La foudre en brisa une autre au mois de juillet 1912 et le mutila de nouveau en 1929.

Un jour, plusieurs personnes sont entrées dans son tronc où elles ont pris un goûter sur une table.

Iconographie :

Carte postale représentant l'arbre, sauf sa partie supérieure.

Légende : « *Fontaine-en-Bray (Seine-Inférieure). — Le Châtaignier de la Houppelière presque millénaire. Dix personnes sont nécessaires pour l'entourer* ». [G. A. Noury, photographe-éditeur].

« Presque millénaire » me semble exagéré.

Le Hêtre à Dieu de la forêt de Lyons,
à Touffreville (Eure).

Photographié par l'auteur le 2 nov. 1930.

XV

LE HÊTRE A DIEU DE LA FORÊT DE LYONS
A TOUFFREVILLE (Eure)

HÊTRE COMMUN *(FAGUS SILVATICA L.)*

(Planche XV)

Situation :

Ce Chêne est situé dans la partie de la forêt domaniale de Lyons qui se trouve sur la commune de Touffreville, canton de Lyons-la-Forêt, arrondissement des Andelys (Eure). Il s'élève dans le canton forestier du Hêtre à Dieu, au bord de la route forestière de ce nom, à gauche en descendant à Menesqueville (Eure).

Description faite avec les notes que j'ai prises sur place le 2 mai 1930 :

Le Hêtre à Dieu est encore bien vigoureux. Le tronc paraît plein. A son écorce on voit, gravés, des prénoms, des initiales, des dates. La circonférence du tronc, à un mètre du sol, est de 3 m. 97, et la hauteur totale de l'arbre de 30 m. 50 environ. Au tronc a été fixé un écriteau sur lequel on lit :

« Hêtre à Dieu.

250 ans environ.

3 m. 30 de circonférence et 25 mètres de hauteur totale ».

D'après une légende, une statue de la Vierge se trouve dans le tronc de ce Hêtre. Par suite, on peut s'étonner que l'arbre ait été consacré à Dieu et non à la Vierge. Il est probable qu'il était plus vénéré autrefois qu'à présent. Néanmoins, il l'est encore, car, le jour où je l'ai étudié et photographié, j'ai vu sur le chemin, en face de l'arbre, les restes d'une croix faite avec de la mousse.

Pour les autres détails le concernant, je renvoie à la planche ci-jointe.

Age :

Les renseignements indiqués ci-avant et ci-après me permettent de dire qu'en 1930 le Hêtre en question avait de deux cents à deux cent cinquante ans.

Historique :

« Nom et essence : Le Hêtre à Dieu de la forêt de Lyons. [Hêtre commun (*Fagus silvatica* L.)]. Situation : Forêt domaniale de Lyons, canton du Hêtre à Dieu, 5ᵉ affectation, parcelle D, sur le bord de la route forestière du Hêtre à Dieu. Commune de Touffreville (Eure). Végétation et aspect : Vigoureux et d'un port particulier. Circonférence à un mètre cinquante du sol : 3 m. 35 (tronc). Hauteur totale : 20 mètres. Hauteur sous les branches : 12 mètres. Age : 180 ans environ. Observation : Une légende dit qu'une statue de la Vierge est enfermée dans le tronc de ce Hêtre ». *Liste descriptive des Arbres remarquables réservés par l'Administration des Eaux et Forêts dans les forêts domaniales de la Seine-Inférieure, de l'Eure et de l'Eure-et-Loir*, (op. cit.), 1905, p. 188 ; tirés à part, même pagination.

« Nom et essence : Le Hêtre à Dieu. Situation : Canton du Hêtre à Dieu, sur le bord de la route, parcelle D 5. Circonférence prise à un mètre du sol : 3 m. 40. Hauteur : 19 mètres. Age présumé : 180 ans ». [L. DE LA BUNODIÈRE. — *Notice sur le pays et la forêt de Lyons*, (op. cit.), 1907, p. 126].

Bibliographie :

Liste descriptive des Arbres remarquables réservés par l'Administration des Eaux et Forêts dans les forêts domaniales de la Seine-Inférieure, de l'Eure et de l'Eure-et-Loir, (op. cit.), 1905, p. 188 ; tirés à part, même pagination.

L. DE LA BUNODIÈRE. — *Notice sur le pays et la forêt de Lyons*, (op. cit.), 1907, p. 126.

Le Hêtre du Petit-Val de la forêt de Lyons,
à la Haye (Seine-Inférieure).

Photographié par l'auteur le 2 mai 1901.

XVI

LE HÊTRE DU PETIT-VAL DE LA FORÊT DE LYONS

A LA HAYE (Seine-Inférieure)

HÊTRE COMMUN *(FAGUS SILVATICA L.)*

(Planche XVI)

Situation :

Ce Hêtre est situé dans la partie de la forêt domaniale de Lyons qui se trouve sur la commune de la Haye, canton d'Argueil, arrondissement de Neufchâtel-en-Bray (Seine-Inférieure). Il s'élève au voisinage du hameau du Petit-Val, dans le canton forestier de la mare à la Biche, entre la lisière de la forêt et un chemin de desserte, à 520 mètres environ du chemin du Tronquay, indiqué dans l'historique ci-après sous le nom de route forestière du Faon. Il est entre le Chêne du Petit-Val et le Hêtre de la Bourdigale. Au sujet de ces deux arbres, voir la page 267.

Description faite avec les notes que j'ai prises sur place le 2 mai 1930 :

Le Hêtre du Petit-Val est encore bien vigoureux ; quelques branches sont mortes. Le tronc ne présente pas de cavités. Dans son écorce on a gravé des noms, des initiales, des dates. Sa circonférence, à un mètre du sol, est de 3 m. 95, et la hauteur totale de l'arbre de 32 mètres environ.

Sur un écriteau placé au chemin du Tronquay, à gauche en entrant dans la forêt, on lit :

« A 510 mètres,

Le Hêtre du Petit Val.

Arbre de 3 siècles.

Circonférence, 3 m. 60. Hauteur totale, 29 mètres ».

Pour les autres détails le concernant, je renvoie à la planche ci-jointe.

Age :

Les renseignements indiqués ci-avant et ci-après me permettent de dire qu'en 1930 le Hêtre en question avait de deux à trois cents ans.

Historique :

« Nom et essence : Le Hêtre du Petit-Val de la forêt de Lyons. [Hêtre commun (*Fagus silvatica* L.)]. Situation : Forêt domaniale de Lyons, canton de la mare à la Biche, 1re affectation, parcelle B, à 510 mètres de la route forestière du Faon. Commune de La Haye (Seine-Inférieure). Végétation et aspect : Assez vigoureux. Cime régulière et belle. Circonférence à un mètre cinquante du sol : 3 m. 60 (tronc). Hauteur totale : 32 mètres. Hauteur sous les branches : 17 mètres. Age : 200 ans environ. Observations : Ce Hêtre a été réservé en raison de son voisinage avec Le Bourdigale[1]. Il doit son nom à celui de la propriété qui, en cet endroit, est riveraine de la forêt domaniale ». [*Liste descriptive des Arbres remarquables réservés par l'Administration des Eaux et Forêts dans les forêts domaniales de la Seine-Inférieure, de l'Eure et de l'Eure-et-Loir*, (op. cit.), 1905, p. 184; tirés à part, même pagination].

« Nom et essence : Le hêtre du Petit-Val. Situation : Canton de la Mare-à-la-Biche, près le hameau du Petit-Val, parcelle B[1]. Circonférence prise à un mètre du sol : 3 m. 60. Hauteur : 32 mètres. Age présumé : 200 ans ». [L. DE LA BUNODIÈRE. — *Notice sur le pays et la forêt de Lyons*, (op. cit.), 1907, p. 126].

Bibliographie :

Liste descriptive des Arbres remarquables réservés par l'Administration des Eaux et Forêts dans les forêts doma-

---

1. Voir, au sujet de ce Hêtre, la page 267.

niales de la *Seine-Inférieure*, de *l'Eure* et de *l'Eure-et-Loir*, (op. cit.), 1905, p. 184 ; tirés à part, même pagination.

L. DE LA BUNODIÈRE. — *Notice sur le pays et la forêt de Lyons*, (op. cit.), 1907, p. 126.

Le Hêtre Dabat de la forêt de Lyons,
a Lyons-la-Forêt Eure .

Photographié par l'auteur le 8 juin 1930.

XVII

LE HÈTRE DABAT DE LA FORÊT DE LYONS
A LYONS-LA-FORÊT (Eure)

HÊTRE COMMUN *(FAGUS SILVATICA L.)*

(Planche XVII)

Situation :

Ce Hêtre est situé dans la partie de la forêt domaniale de Lyons qui se trouve sur Lyons-la-Forêt, chef-lieu de canton de l'arrondissement des Andelys (Eure). Il s'élève dans le canton forestier du mont du Frêne, à 80 mètres de la route forestière des Trois-Rois, à laquelle il est relié par un sentier, et à 50 mètres entre leur point de jonction et le sentier où se voit le Chêne du mont du Frêne, dont la situation exacte est donnée ci-avant (p. 263). En partant du carrefour des Trois-Rois, c'est d'abord ce Chêne que l'on rencontre à sa gauche.

A une petite distance du Hêtre en question existait, également dans le canton du mont du Frêne, un Hêtre remarquable, nommé « Le Président », qu'une tempête a renversé par terre au cours de l'hiver 1929-1930.

Description faite avec les notes que j'ai prises sur place le 6 juin 1930 :

Le Hêtre Dabat est encore vigoureux. Une grosse branche a été détachée par le vent. Le tronc paraît plein. Sa circonférence, à un mètre du sol, est de 3 m. 77, et la hauteur totale de l'arbre de 30 mètres environ. Sur un écriteau fixé au tronc on lit :

« Hêtre Dabat.
250 ans environ, 3 m. 45 de circonférence
et 32 mètres de hauteur totale.
Dédié à Mʳ Dabat,
Directeur général des Forêts (1913) ».

Pour les autres détails relatifs à cet arbre, je renvoie à la planche ci-jointe.

Age :

D'après l'indication ci-avant et celles concernant la grosseur du tronc, la hauteur et l'âge présumé de quelques vieux Hêtres de la forêt de Lyons, je crois pouvoir dire qu'en 1930 l'arbre en question avait de deux à trois cents ans.

Le Hêtre à l'Image de la forêt de la Londe,
à la Lo: de . Seine-Inférieure).

XVIII

LE HÊTRE A L'IMAGE DE LA FORÊT DE LA LONDE

A LA LONDE (Seine-Inférieure)

HÊTRE COMMUN *(FAGUS SILVATICA L.)*

(Planche XVIII)

Situation :

Ce Hêtre est situé dans la forêt domaniale de la Londe. Il se trouve sur la commune de ce nom, canton d'Elbeuf, arrondissement de Rouen (Seine-Inférieure), au voisinage de la halte de la Londe, appelée auparavant halte du Hêtre à l'Image, sur la ligne du chemin de fer de Rouen à Elbeuf, entre Moulineaux et cette dernière ville. Pour s'y rendre, après avoir quitté la halte, on descend, sur une courte distance, le chemin jusqu'à sa rencontre avec un autre, puis on va devant soi sur une longueur de 70 mètres, et l'on arrive à une clairière où, à 13 mètres du chemin, s'élève, sur la droite, l'arbre en question [1].

Description faite avec les notes que j'ai prises sur place le 19 avril 1929 :

Le Hêtre à l'Image est encore vigoureux, mais quelques branches mortes annoncent le commencement de la décrépitude. Le tronc, qui paraît plein, se divise en deux dans sa partie inférieure. Sa circonférence, mesurée à deux mètres du sol (non à un mètre, en raison d'une grosse gibbosité développée sur une partie du tronc), est de 3 m. 26.

1. Dans son voisinage on peut voir, au mois d'avril, d'assez nombreux pieds d'une intéressante plante de la famille des Orobanchacées, parasite sur les racines d'arbres et d'arbustes de différentes espèces : la Lathrée écailleuse *(Lathræa squamaria L.)*, rare en Normandie.

Dans son écorce on a gravé le mot FAGUS (nom latin du Hêtre), des prénoms, des initiales, etc. La hauteur totale de l'arbre est de 30 mètres environ. Jadis, il portait une niche contenant une statuette de la Vierge, d'où l'origine de son nom ; maintenant, il n'y a plus d'icône.

Pour les autres détails le concernant, je renvoie à la planche ci-jointe.

Age :

D'après les renseignements que l'on possède sur la grosseur du tronc et l'âge approximatif de vieux Hêtres développés dans des forêts de la Seine-Inférieure et de l'Eure, je crois qu'en 1930 l'arbre en question avait de deux à trois cents ans.

Historique :

Dans la forêt de la Londe..... « s'élève un hêtre, magnifique de force et d'ampleur. C'est le Hêtre-de-l'Image, dont le tronc, à hauteur d'homme, mesure 3 m. 60, et dont les branches centenaires encadraient, naguère, une châsse enfermant une statuette de la Vierge ». [Louis MÜLLER. — *Autour de Rouen*, (op. cit.), p. 84 .

Le Hêtre à l'Image « dresse sa cime touffue dominant les frondaisons de la forêt et ombrageant un carrefour de chemins forestiers.

» D'image il n'y en a aucune. En a-t-il même jamais abrité ?

» Quelques croix, des monogrammes, des chiffres enlacés gravés sur son écorce rugueuse disent qu'avant de donner son nom à une halte projetée, le vieil arbre a entendu proférer de doux serments. C'est du moins ce que m'a affirmé le paysan narquois qui me servait de cicerone.

» Le « Hêtre à l'Image » n'est donc qu'une curiosité du règne végétal. Son tronc, couvert d'énormes gibbosités, mesure 3 m. 80 de circonférence à un mètre du sol, et les

branches basilaires ne se séparent qu'à 4 m. 20 de hauteur ».
[Léon DE VESLY. — *Les Arbres vénérés*, (op. cit.), p. 141].

Bibliographie :

Louis MÜLLER. — *Autour de Rouen*, (op. cit.), p. 84.

Léon DE VESLY. — *Les Arbres vénérés*, (op. cit.), p. 141.

Le Hêtre de la Bunodière de la forêt de Lyons,
à Beauvoir-en-Lyons (Seine-Inférieure).

Photographié par l'auteur le 2 mai 1930.

XIX

LE HÊTRE DE LA BUNODIÈRE
DE LA FORÊT DE LYONS
A BEAUVOIR-EN-LYONS (Seine-Inférieure)

HÊTRE COMMUN (*FAGUS SILVATICA* L.)

(Planche XIX)

Situation :

Ce Hêtre est situé dans la partie de la forêt domaniale de Lyons qui se trouve sur la commune de Beauvoir-en-Lyons, canton d'Argueil, arrondissement de Neufchâtel-en-Bray (Seine-Inférieure). Il s'élève dans le canton forestier du Catelier, à 65 mètres du centre du rond-point où se croisent la route nationale de Rouen à Beauvais par Gournay-en-Bray et un chemin allant de Beauvoir-en-Lyons à Fleury-la-Forêt. Un sentier le relie à ce rond-point.

Dans le canton forestier des Coteaux, séparé de celui du Catelier par le canton des Routhieux, existait un Hêtre remarquable, nommé « Le roi des Coteaux », qu'une tempête a renversé par terre pendant l'hiver 1929 - 1930.

Description faite avec les notes que j'ai prises sur place le 2 mai 1930 :

Le Hêtre de la Bunodière est vigoureux et son tronc plein. Sa circonférence, à un mètre du sol, est de 2 m. 83. On a gravé dans son écorce des noms, des prénoms, des initiales, des dates, etc. La hauteur totale de l'arbre est de 36 m. 50 environ. Sur un écriteau fixé au tronc on lit :

« Hêtre de la Bunodière.
150 ans environ.
2 m. 45 de circonférence et 38 mètres de hauteur totale.
Dédié à Mʳ de la Bunodière,
ancien Inspecteur des Forêts à Lyons ».

Pour les autres détails le concernant, je renvoie à la planche ci-jointe.

Age :

Au sujet de l'âge du Hêtre en question, la divergence est assez grande entre celui indiqué par l'écriteau et celui que donne l'ouvrage de L. de la Bunodière. Je crois devoir me borner à dire qu'en 1930 l'arbre avait de cent cinquante à trois cents ans.

Historique :

« Nom et essence : Le hêtre de la Bunodière. Situation : Canton du Catelier, parcelle D², près la route de Fleury à Beauvoir. Circonférence prise à un mètre du sol : 3 m. 20. Hauteur : 35 mètres. Age présumé : 250 ans ». | L. DE LA BUNODIÈRE. — *Notice sur le pays et la forêt de Lyons,* (op. cit.), 1907, p. 126].

Bibliographie :

L. DE LA BUNODIÈRE. — *Notice sur le pays et la forêt de Lyons,* (op. cit.). 1907, p. 126.

Le Hêtre « Les Cinq Frères » de la forêt Verte,
à Houppeville (Seine-Inférieure).

Photographie par l'auteur le 18 avril 1896.

XX

LE HÊTRE « LES CINQ FRÈRES »
DE LA FORÊT VERTE, A HOUPPEVILLE

(Seine-Inférieure)

HÊTRE COMMUN *(FAGUS SILVATICA L.)*

(Planche XX)

Situation :

Ce Hêtre est situé dans la partie de la forêt domaniale
Verte qui se trouve sur la commune de Houppeville, canton
de Maromme, arrondissement de Rouen (Seine-Inférieure).
Il s'élève dans le canton forestier du Grand-Canton, isolément
dans une clairière qu'un sentier, d'une longueur d'environ
70 mètres, relie au chemin de grande communication allant
de Rouen à Houppeville. L'entrée de ce sentier est, lorsqu'on
vient de Rouen, à droite et à 260 mètres du carrefour de
Rouen.

Description faite avec les notes que j'ai prises sur place
le 18 avril 1929 :

Ce Hêtre est constitué par cinq brins de semence, d'où
son nom « Les Cinq Frères ». Leur circonférence, à un mètre
du sol, est de 6 m. 67. Les cinq brins sont vigoureux. Voici,
prise à deux mètres cinquante du sol, et perpendiculairement
à chacun d'eux, leur circonférence, en commençant par la
gauche lorsqu'on vient du chemin de grande communication :
2 m. 20, 2 m. 32, 2 m. 30, 2 m. 23 et 2 m. 16. On a gravé
dans leur écorce des noms, des prénoms, des initiales, des
dates, etc. La hauteur totale de cette réunion de cinq indi-

vidus est de 34 mètres environ. Pour les autres détails les concernant, je renvoie à la planche ci-jointe.

Parfois, des jeunes gens montent dans l'espace formé par la séparation des cinq brins.

Age :

D'après le renseignement ci-dessous, qui me paraît très vraisemblable, je crois pouvoir dire qu'en 1930 le Hêtre en question avait environ cent cinquante ans.

Historique :

« Nom et essence : Le Hêtre « Les Cinq Frères » de la forêt Verte. [Hêtre commun (*Fagus silvatica* L.)]. Situation : Forêt domaniale Verte, canton du Grand-Canton, 2ᵉ série, 2ᵉ affectation, parcelle A, à 80 mètres du chemin nᵒ 121 de Rouen à Houppeville, chemin de grande communication auquel il est resté relié par un sentier. Commune de Houppeville (Seine-Inférieure). Végétation et aspect : Vigoureux. Circonférence à un mètre cinquante du sol : 5 m. 20. Les cinq brins qui le constituent se séparent à 1 m. 50 du sol et mesurent, en ce point, de 1 m. 90 à 2 m. 20 de circonférence. Hauteur totale : 25 mètres. Hauteur sous les branches : 11 mètres. Age : 120 ans environ ». [*Liste descriptive des Arbres remarquables réservés par l'Administration des Eaux et Forêts dans les forêts domaniales de la Seine-Inférieure, de l'Eure et de l'Eure-et-Loir,* (op. cit.), 1905, p. 180; tirés à part, même pagination].

Bibliographie :

Liste descriptive des Arbres remarquables réservés par l'Administration des Eaux et Forêts dans les forêts domaniales de la Seine-Inférieure, de l'Eure et de l'Eure-et-Loir, (op. cit.), 1905, p. 180; tirés à part, même pagination.

TABLEAU

DES ARBRES DÉCRITS ET REPRÉSENTÉS

DANS CE FASCICULE

TABLEAU DES ARBRES DÉCRITS ET REPRÉSENTÉS DANS CE FASCICULE

NOM ET SITUATION.	DATE de l'étude et de la photographie.	CIRCONFÉRENCE DU TRONC, mesurée à un mètre du sol, à la date indiquée en regard.	HAUTEUR TOTALE, à la date indiquée en regard.	AGE, à la date indiquée en regard.
1. L'If du cimetière de la Bloutière (Manche). [If commun (*Taxus baccata* L.)]. Individu mâle	11 juin 1930.	10 m. 10.	16 m. environ.	1100 à 1400 ans environ.
2. L'If du cimetière de Saint-Ursin (Manche). [If commun (*Taxus baccata* L.)]. Individu femelle	24 juin 1929.	9 m. 34.	18 m. 50 dº	900 à 1200 ans dº
3. L'If du cimetière d'Épréville-en-Roumois (Eure). [If commun (*Taxus baccata* L.)]. Individu femelle	10 juin 1929.	8 m. 41.	15 m. 50 dº	800 à 1100 ans dº
4. L'If du cimetière de la Lucerne-d'Outremer (Manche). [If commun (*Taxus baccata* L.)]. Individu femelle	24 juin 1929.	7 m. 71.	14 m. dº	800 à 1100 ans dº
5. L'If du cimetière de Mandeville (Eure). [If commun (*Taxus baccata* L.)]. Individu femelle	23 mai 1929.	6 m. 39.	16 m. 50 dº	700 à 1000 ans dº
6. Le plus gros des deux Ifs du cimetière [...] *baccata* L.)]. Individu femelle	11 juin 1930.	6 m. 28.	13 m. 50 dº	700 à 1000 ans dº
Nicorps (Manche). [If commun (*Taxus baccata* L.)]. Individu mâle	11 juin 1930.	4 m. 07.	14 m. dº	400 à 600 ans dº
8. L'If à la Vierge du cimetière du Troncq (Eure). [If commun (*Taxus baccata* L.)]. Individu mâle	23 mai 1929.	4 m. 19. (Près de 5 m., si le tronc était complet).	17 m. dº	500 à 700 ans dº
9. Le Saule de Saint-Martin-de-Boscherville (Seine-Inférieure). [Saule blanc (*Salix alba* L.)]. Individu mâle	21 mai 1929.	6 m. 61.	14 m. 50 dº	150 à 200 ans dº
10. Le Chêne-chapelle du Vieux-Manoir (Seine-Inférieure). [? Chêne à glands pédonculés (*Quercus pedunculata* Ehrh.)].	11 mai 1929.	4 m. 40 approximativement, si le tronc était complet.	8 m. 50 dº	200 à 300 ans dº
11. Le Chêne du mont du Frêne de la forêt de Lyons, à Lyons-la-Forêt (Eure). [Chêne à glands pédonculés (*Quercus pedunculata* Ehrh.)].	6 juin 1930.	4 m. 21.	32 m. dº	200 à 300 ans.
12. Le Chêne du Petit-Val de la forêt de Lyons, à la Haye (Seine-Inférieure). [Chêne à glands pédonculés (*Quercus pedunculata* Ehrh.)].	30 avril 1930.	4 m. 10.	34 m. dº	300 à 400 ans.
13. Le Chêne de la Croix rouge de la forêt de Vernon, à Vernon (Eure). [Chêne à glands pédonculés (*Quercus pedunculata* Ehrh.)]	17 mai 1929.	3 m. 68.	17 m. dº	150 à 250 ans environ.

NOM ET SITUATION.	DATE de l'étude et de la photographie.	CIRCONFÉRENCE DU TRONC, mesurée à un mètre du sol, à la date indiquée en regard.	HAUTEUR TOTALE, à la date indiquée en regard.	AGE, à la date indiquée en regard.
14. Le Châtaignier de la Houppelière, à Fontaine-en-Bray (Seine-Inférieure). [Châtaignier commun (*Castanea castanea* L.)	3 mai 1930.	8 m. 35.	25 m. d°	500 à 700 ans environ.
15. Le Hêtre à Dieu de la forêt de Lyons, à Touffreville (Eure). Hêtre commun (*Fagus silvatica* L.) [.	2 mai 1930.	3 m. 97.	30 m. 50 d°	200 à 250 ans.
16. Le Hêtre du Petit-Val de la forêt de Lyons, à la Haye (Seine-Inférieure). [Hêtre commun (*Fagus silvatica* L.)	2 mai 1930.	3 m. 95.	32 m. d°	200 à 300 ans.
17. Le Hêtre Dabat de la forêt de Lyons, à Lyons-la-Forêt (Eure). [Hêtre commun (*Fagus silvatica* L.) [.	6 juin 1930.	3 m. 77.	30 m. d°	200 à 300 ans.
18. Le Hêtre à l'Image de la forêt de la Londe, à la Londe (Seine-Inférieure). [Hêtre commun (*Fagus silvatica* L.)	19 avril 1929.	3 m. 26 (à deux mètres du sol).	30 m. d°	200 à 300 ans.
19. Le Hêtre de la Bunodière de la forêt de Lyons, à Beauvoir-en-Lyons Seine-Inférieure). [Hêtre commun (*Fagus silvatica* L.)	2 mai 1930.	2 m. 83.	36 m. 50 d°	150 à 300 ans.
20. Le Hêtre « Les Cinq Frères » de la forêt Verte, à Houppeville Seine-Inférieure). [Hêtre commun (*Fagus silvatica* L.) . .	18 avril 1929.	6 m. 67 (réunion de cinq brins de semence)	34 m. d°	150 ans environ.

LISTE DES PUBLICATIONS

indiquées dans ce fascicule sous la rubrique de : op. cit.

Anonyme. — Article dans le journal Le Lovérien, Louviers (Eure), n° du 4 avril 1897.

Abbés J. Bunel et A. Tougard. — *Géographie du département de la Seine-Inférieure*, ouvrage posthume de M. l'Abbé J. Bunel, continué et publié par l'Abbé A. Tougard, *Arrondissement de Rouen*, avec 6 gravures et 1 carte, Rouen, E. Cagniard, 1879.

L. de la Bunodière. — *La forêt de Lyons* (à la couverture), *Notice sur le pays et la forêt de Lyons* (au grand titre), Lyons-la-Forêt, Veuve Crochet, 1907.

Jean Chalon. — *Les Arbres remarquables de la Belgique*, première série, 1 à 107, dans le Bull. de la Soc. royale de Botanique de Belgique, t. XLVII, 1910; tirés à part, Gand, Ad. Hoste. 1910, pagination spéciale.

Paul Constantin. — A.-E. Brehm. *Merveilles de la Nature, Les Plantes, Le Monde des Plantes*, par Paul Constantin, t. II, Paris, J.-B. Baillière et fils, sans date.

D. Bois. — *Les Ifs de Saint-Ursin et de la Lucerne-d'Outremer (Manche)*, dans la Revue horticole, journal d'Horticulture pratique, Paris, Librairie agricole de la Maison rustique, ann. 1916, p. 150.

Henri Gadeau de Kerville. — *Les Vieux Arbres de la Normandie, étude botanico-historique : fascicule I*, avec vingt planches en photogravure, toutes inédites et faites sur les photographies de l'auteur; *fascicule II*, d' :

28

fascicule III, avec vingt et une planches en photocollographie et trois figures dans le texte, presque toutes inédites et faites sur les photographies de l'auteur; et *fascicule IV*, avec vingt et une planches en photocollographie, toutes inédites et faites sur les photographies de l'auteur; dans le Bull. de la Soc. des Amis des Scienc. natur. de Rouen : 2° sem. 1890, p. 193 et pl. I-XX; 1ᵉʳ sem. 1892, p. 109 et pl. I-XX; 2ᵉ sem. 1894, p. 265, pl. I-XXI et fig. 1-3; et 2ᵉ sem. 1898, p. 217 et pl. I-XXI; tirés à part, Paris, J.-B. Baillière et fils, 1891, 1893, 1895 et 1899, même pagination. Une partie des tirés à part des trois premiers fascicules ont été réunis en un volume, Paris, J.-B. Baillière et fils, 1895.

Dʳ Friederich KANNGIESSER. — *Zur Lebensdauer der Holzpflanzen*, dans Flora oder Allgemeine Botanische Zeitung, band 99, heft 4, p. 414; tirés à part, Iéna, Gustav Fischer, 1909, même pagination.

Édouard LE HÉRICHER. — *Avranchin Monumental et Historique*, t. II, Avranches (Manche), E. Tostain, 1846.

Auguste LE PREVOST. — *Mémoires et notes de M. Auguste Le Prevost pour servir à l'histoire du département de l'Eure*, recueillis et publiés sous les auspices du Conseil général et de la Société libre d'Agriculture, Sciences, Arts et Belles-Lettres de l'Eure, par MM. Léopold Delisle et Louis Passy, t. II, Évreux, Auguste Hérissey, octobre 1864.

Les Beaux Arbres du canton de Vaud (Suisse). Catalogue publié par la Société Vaudoise des Forestiers, sous la direction de M. H. Badoux, inspecteur forestier, Vevey (Suisse), Säuberlin et Pfeiffer, 1910.

O. LIGNIER. — *Notes sur l'accroissement radial des Troncs*, dans le Bull. de la Soc. Linnéenne de Normandie, ann. 1905, p. 181; tirés à part, Caen, E. Lanier, 1906, même pagination.

Liste descriptive des Arbres remarquables réservés par l'Administration des Eaux et Forêts dans les forêts domaniales de la Seine-Inférieure, de l'Eure et de l'Eure-et-Loir, publiée par Henri Gadeau de Kerville, dans le Bull. de la Soc. des Amis des Scienc. natur. de Rouen, 2ᵉ sem. 1904, p. 175 ; tirés à part, Rouen, Lecerf fils, 1905, même pagination.

Louis Müller. — *Guide du Promeneur, Autour de Rouen*, Rouen, L. Langlois, 1890.

Onésime Reclus. — *Atlas pittoresque de la France ; recueil de vues géographiques et pittoresques de tous les Départements, accompagnées de notices géographiques et de légendes explicatives ;* t. II, Paris, Attinger frères, sans date.

Fr. Stützer. — *Die grössten, ältesten oder sonst merkwürdigen Bäume Bayerns in Wort und Bild*, mit lichtdrucken von F. Bruckmann A.-G., nach photographischen naturaufnahmen, II. heft, München, Piloty und Loehle, 1901.

Abbé A. Tougard. — Voir Abbés J. Bunel et A. Tougard.

Léon de Vesly. — *Les Arbres vénérés : Le Hêtre à l'Image et le Chêne à la Vierge (Forêt de la Londe), le Chêne de Saint-Nicolas et le Hêtre de Saint-Ouen (Forêt de Bord)*, dans La Normandie, revue mensuelle littéraire, archéologique, historique, etc., Rouen, nᵒ de novembre 1893, p. 140.

TABLE DU TEXTE DE CE FASCICULE

TABLE DES VINGT PLANCHES

DE CE FASCICULE

MATIÈRE & MOUVEMENT
HGK
TOUT POUR L'HUMANITÉ

ROUEN

IMPRIMERIE LECERF FILS

1930

MATIÈRE & MOUVEMENT
HGK
TOUT POUR L'HUMANITÉ